1ª EDIÇÃO

ENERGIA SOLAR EM CASA

FEVEREIRO DE 2023

SUMÁRIO

SUMÁRIO

SUMÁRIO

11. ECONOMIA DE ENERGIA E RETORNO DE INVESTIMENTO: ESTE CAPÍTULO APRESENTA AS VANTAGENS FINANCEIRAS DE INSTALAR ENERGIA SOLAR EM CASA, INCLUINDO A ECONOMIA DE ENERGIA E O RETORNO DE INVESTIMENTO A LONGO PRAZO.

CONCLUSÃO: ESTE ÚLTIMO CAPÍTULO CONCLUI O E-BOOK APRESENTANDO UMA VISÃO GERAL DA INSTALAÇÃO DE ENERGIA SOLAR EM CASA E DESTACANDO A IMPORTÂNCIA DESSE TIPO DE INICIATIVA PARA A PRESERVAÇÃO DO MEIO AMBIENTE E A GERAÇÃO DE ECONOMIA.

INTRODUÇÃO

Energia solar é uma fonte de energia renovável e limpa, cada vez mais utilizada em todo o mundo para alimentar casas e empresas. Instalar sistemas de energia solar em casa pode ser uma ótima opção para quem busca independência energética, redução de custos com energia elétrica e preservação do meio ambiente.

Neste e-book, você encontrará informações detalhadas e precisas sobre o processo de instalação de energia solar em casa. Desde a escolha dos equipamentos necessários até a conclusão da instalação, o e-book apresentará todos os passos necessários para que você possa ter sucesso em sua empreitada.

Você também aprenderá sobre as vantagens da energia solar, incluindo a economia de energia e o retorno de investimento a longo prazo, bem como sobre as considerações legais e regulatórias relacionadas à instalação de energia solar em casa.

Este e-book é destinado a pessoas que buscam instalar energia solar em casa e desejam aprender sobre o assunto de forma clara e objetiva. Se você está procurando uma alternativa de energia limpa e sustentável, este e-book é a solução perfeita para você.

Boa leitura!

COMPREENDENDO A ENERGIA SOLAR

CAPÍTULO 2

Antes de iniciar a instalação de energia solar em casa, é importante compreender como essa fonte de energia funciona e suas características.

A energia solar é gerada pela conversão da luz do sol em energia elétrica. Isso é possível graças aos painéis solares, que são compostos por células fotovoltaicas. Quando a luz do sol atinge essas células, ela é convertida em energia elétrica, que pode ser armazenada em baterias ou utilizada diretamente.

Existem dois tipos principais de sistemas solares: sistemas fotovoltaicos conectados à rede elétrica e sistemas de energia solar autônomos. No primeiro caso, a energia gerada pelos painéis solares é utilizada para alimentar a casa e o excedente é enviado para a rede elétrica. Já no segundo caso, a energia gerada é armazenada em baterias e utilizada quando necessário, sem a necessidade de conexão à rede elétrica.

A energia solar é uma fonte de energia limpa e renovável, o que significa que ela não emite gases poluentes e é renovável. Além disso, a instalação de sistemas solares em casa pode proporcionar economia na conta de energia elétrica e independência energética, uma vez que é possível utilizar a energia gerada pelos painéis solares para alimentar a casa.

CAPÍTULO 2

Ao escolher instalar energia solar em casa, é importante considerar diversos fatores, como o tamanho do sistema, a orientação e inclinação do telhado, a localização geográfica e as condições climáticas. Essas informações serão importantes para determinar o tamanho e o tipo de sistema necessários para atender às suas necessidades.

Agora que você já tem uma compreensão básica da energia solar, está pronto para prosseguir com a instalação de seu sistema. Nos próximos capítulos, abordaremos o processo de escolha dos equipamentos necessários para instalar energia solar em casa.

CAPÍTULO 3

ANÁLISE DE NECESSIDADES

CAPÍTULO 3

Antes de comprar e instalar seu sistema de energia solar, é importante realizar uma análise de necessidades para determinar o tamanho e o tipo de sistema adequados para sua casa. Isso inclui considerar fatores como o consumo de energia elétrica, a orientação e inclinação do telhado e as condições climáticas da sua região.

1. Consumo de Energia Elétrica: O primeiro passo é determinar quanto energia você consome diariamente. Isso pode ser feito verificando as suas contas de energia elétrica dos últimos meses. É importante lembrar que alguns aparelhos consomem mais energia do que outros, por isso é importante identificá-los e considerá-los na sua análise.

2. Orientação e Inclinação do Telhado: A orientação e inclinação do telhado são importantes para maximizar a captação de luz do sol pelos painéis solares. Em geral, é ideal que o telhado tenha uma inclinação de 30 a 40 graus e esteja orientado para o norte. No entanto, é possível instalar sistemas solares em telhados com outras orientações e inclinações, desde que sejam realizados ajustes no sistema.

CAPÍTULO 3

3. Condições Climáticas: As condições climáticas da sua região também devem ser consideradas na análise de necessidades. Regiões com muita chuva podem afetar a eficiência dos painéis solares, por isso é importante verificar as condições climáticas da sua região e escolher um sistema adequado.

Com base na sua análise de necessidades, você poderá determinar o tamanho e o tipo de sistema necessários para atender às suas necessidades. É importante consultar um profissional capacitado para garantir que o sistema seja dimensionado adequadamente e instalado corretamente.

No próximo capítulo, abordaremos a escolha do local de instalação dos equipamentos para instalar energia solar em casa.

ESCOLHA DO LOCAL DE INSTALAÇÃO

CAPÍTULO 4

Depois de realizar a análise de necessidades, é hora de escolher o local de instalação dos painéis solares. A escolha correta do local pode afetar diretamente a eficiência e a eficácia do sistema, por isso é importante considerar alguns fatores importantes.

1. Orientação e Inclinação: Como mencionado anteriormente, a orientação e a inclinação do telhado são importantes para maximizar a captação de luz do sol pelos painéis solares. É ideal que o telhado esteja orientado para o norte e tenha uma inclinação de 30 a 40 graus. No entanto, caso o seu telhado não seja adequado para a instalação de painéis solares, é possível instalar suportes para painéis solares no solo.

2. Acessibilidade: É importante considerar a acessibilidade do local de instalação, especialmente se for preciso realizar manutenções no sistema. É recomendável escolher um local que seja facilmente acessível para garantir que manutenções e reparos possam ser realizados rapidamente e facilmente.

3. Sombreamento: O sombreamento pode afetar a eficiência dos painéis solares, por isso é importante verificar se o local escolhido está livre de sombreamento. Caso haja sombreamento, é importante considerar outro local ou adotar medidas para minimizar o impacto do sombreamento, como instalar painéis solares móveis ou cortinas de sombreamento.

CAPÍTULO 4

4. Regulamentações e Permissões: É importante verificar as regulamentações e as permissões locais antes de escolher o local de instalação. Algumas cidades e estados podem ter regulamentações específicas que afetam a instalação de sistemas solares, por isso é importante verificar essas regulamentações e obter todas as permissões necessárias antes de iniciar a instalação.

Com base nessas considerações, você poderá escolher o local de instalação adequado para o seu sistema de energia solar. No próximo capítulo, discutiremos a escolha do sistema mais adequado para obter energia solar em casa.

CAPÍTULO 5

ESCOLHA DO SISTEMA DE ENERGIA SOLAR

CAPÍTULO 5

Agora que você escolheu o local de instalação, é hora de escolher o sistema de energia solar que melhor atenda às suas necessidades. Existem diferentes tipos de sistemas de energia solar, incluindo sistemas conectados à rede, sistemas off-grid e sistemas híbridos.

1. Sistemas Conectados à Rede: São os sistemas mais comuns e consistem em painéis solares conectados à rede elétrica da sua casa. Eles permitem que você use a energia solar durante o dia e compre energia da rede elétrica durante a noite ou em dias nublados.

2. Sistemas Off-Grid: São sistemas independentes da rede elétrica e consistem em painéis solares, baterias e controladores de carga para armazenar a energia solar. Eles são ideais para locais remotos ou para aqueles que desejam se tornar independentes da rede elétrica.

3. Sistemas Híbridos: São sistemas que combinam sistemas conectados à rede e sistemas off-grid. Eles permitem que você use a energia solar durante o dia e compre energia da rede elétrica durante a noite ou em dias nublados, além de armazenar a energia excedente em baterias para uso posterior ou vendê-la para a distribuidora de energia elétrica local.

CAPÍTULO 5

Ao escolher o sistema de energia solar, é importante considerar o seu consumo de energia, o orçamento disponível e o seu objetivo de independência da rede elétrica. Além disso, é importante verificar as regulamentações locais e obter todas as permissões necessárias antes de iniciar a instalação.

No próximo capítulo, discutiremos como escolher os equipamentos necessários para a instalação de energia solar, incluindo painéis solares, controladores de carga e baterias.

INSTALAÇÃO DOS PAINÉIS SOLARES

CAPÍTULO 6

Agora que você escolheu o sistema de energia solar adequado, é hora de escolher e instalar os equipamentos necessários, incluindo painéis solares, controladores de carga e baterias.

1. Painéis Solares: Os painéis solares são a fonte de energia para o seu sistema de energia solar. Eles são compostos por células solares que convertem a luz do sol em energia elétrica. É importante escolher painéis solares de boa qualidade e adequados às suas necessidades de energia.

2. Controladores de Carga: Os controladores de carga são dispositivos que regulam a corrente elétrica dos painéis solares para evitar sobrecarga e danos às baterias. Eles também garantem que as baterias sejam carregadas de forma eficiente.

3. Baterias: As baterias armazenam a energia gerada pelos painéis solares e a disponibilizam quando necessário. É importante escolher baterias de boa qualidade e adequadas às suas necessidades de armazenamento de energia.

Antes de começar a instalação dos painéis solares, é importante fazer uma verificação detalhada da área de instalação, incluindo a verificação da orientação e inclinação adequadas para maximizar a geração de energia. Além disso, é importante seguir rigorosamente as instruções de instalação fornecidas pelo fabricante para garantir a segurança e a eficiência do sistema.

v

CAPÍTULO 6

Nesta seção, vamos entrar em detalhes sobre como instalar os painéis solares, incluindo controladores de carga e baterias. Antes de iniciar a instalação, você precisará reunir todo o material necessário, incluindo:

· Painéis solares
· Controladores de carga
· Baterias
· Cabos elétricos
· Conectores elétricos
· Parafusos e ferramentas de montagem
· Proteção contra intempéries

A seguir, está o processo de instalação passo a passo:

1. Preparação: Verifique a área de instalação para garantir que esteja limpa e livre de obstáculos. Verifique também se a orientação e inclinação dos painéis solares são adequadas.

2. Instalação dos Painéis Solares: Monte o suporte dos painéis solares na área de instalação e posicione os painéis solares no suporte. Certifique-se de que os painéis solares estejam bem presos e estáveis.

3. Instalação do Controlador de Carga: Conecte os cabos elétricos dos painéis solares ao controlador de carga. Certifique-se de que os cabos estejam conectados corretamente e de forma segura.

4. Instalação das Baterias: Conecte os cabos elétricos das baterias ao controlador de carga. Certifique-se de que as baterias estejam conectadas corretamente e de forma segura.

5. Teste e Verificação: Verifique se todas as conexões elétricas estão corretas e seguras. Ligue o sistema e verifique se está funcionando corretamente.

É importante destacar que a instalação de sistemas de energia solar requer conhecimentos e habilidades específicas. Se você não tiver experiência na instalação de sistemas elétricos, é recomendável contratar um profissional para realizar a instalação.

No próximo capítulo, discutiremos como fazer a conexão do sistema de energia solar à sua rede elétrica ou às suas baterias.

CONECTANDO O SISTEMA AO INVERSOR

CAPÍTULO 7

Neste capítulo, vamos abordar como conectar o sistema de energia solar à rede elétrica ou ao inversor. A conexão ao inversor é necessária quando você deseja armazenar a energia gerada pelos painéis solares em baterias para uso posterior. A conexão à rede elétrica é necessária quando você deseja vender a energia gerada pelos painéis solares de volta à rede.

Antes de conectar o sistema, certifique-se de que você tem todos os itens necessários, incluindo:

-Inversor
-Cabos elétricos
-Conectores elétricos
-Ferramentas de instalação

A seguir, está o processo de conexão passo a passo:

1. Preparação: Verifique a área de instalação para garantir que esteja limpa e livre de obstáculos. Verifique também se o inversor está devidamente instalado.

2. Conexão ao Controlador de Carga: Conecte os cabos elétricos do controlador de carga ao inversor. Certifique-se de que os cabos estejam conectados corretamente e de forma segura.

3. Conexão à Rede Elétrica: Se você estiver conectando o sistema à rede elétrica, conecte os cabos elétricos do inversor à rede elétrica. É importante que você siga as normas e regulamentos locais para conexão à rede elétrica. É altamente recomendável que você contrate um profissional qualificado para realizar a conexão à rede elétrica.

4. Teste e Verificação: Verifique se todas as conexões elétricas estão corretas e seguras. Ligue o sistema e verifique se está funcionando corretamente.

É importante destacar que a conexão de sistemas de energia solar à rede elétrica ou ao inversor requer conhecimentos e habilidades específicas. Se você não tiver experiência na instalação de sistemas elétricos, é recomendável contratar um profissional para realizar a conexão.

No próximo capítulo, discutiremos sobre como configurar o sistema de energia solar.

CONFIGURANDO O SISTEMA

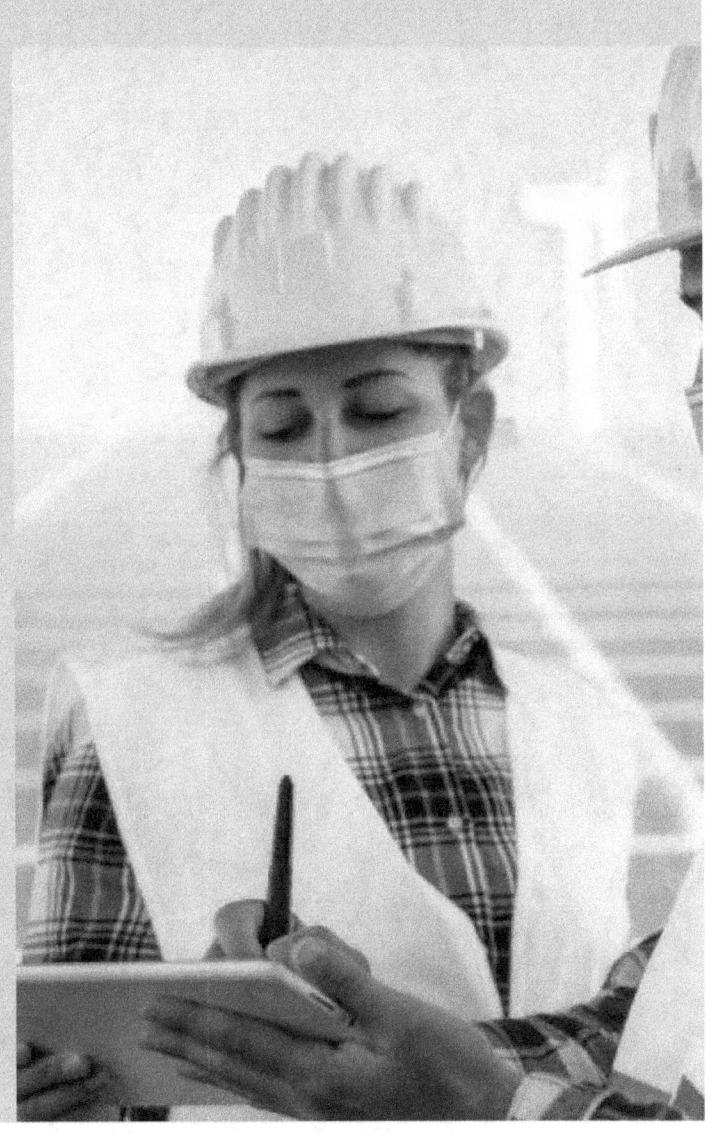

CAPÍTULO 8

Depois de ter instalado os painéis solares, inversores, baterias e todos os outros componentes do sistema de energia solar, chegou a hora de configurar tudo para que funcione corretamente. Este é o passo final antes de começar a usufruir da sua nova fonte de energia limpa e renovável. Aqui estão os passos para configurar o sistema:

1. Verifique a conexão dos componentes: Antes de começar a configuração, é importante verificar se todos os componentes estão conectados corretamente entre si. Verifique se os cabos estão bem conectados aos terminais dos painéis solares, inversores, baterias e outros componentes. Certifique-se de que não há nenhum fio solto ou desconexão.

2. Ligue o inversor: O próximo passo é ligar o inversor, que é responsável por converter a energia elétrica gerada pelos painéis solares em energia elétrica utilizável para alimentar sua casa. Conecte o inversor à bateria e ligue-o na tomada elétrica.

3. Configure o inversor: Uma vez que o inversor está conectado e ligado, é hora de configurá-lo. O processo de configuração pode variar de acordo com o modelo do inversor, mas em geral, você precisará acessar o menu de configuração através de um painel LCD ou de um aplicativo para smartphone. Aqui, você poderá definir as configurações de tensão, corrente e outros parâmetros do sistema.

4. Teste o sistema: Depois de configurar o inversor, é hora de testar o sistema para garantir que está funcionando corretamente. Isso pode ser feito medindo a tensão e a corrente geradas pelos painéis solares e verificando se estão de acordo com as configurações definidas no inversor. Além disso, você pode medir o consumo de energia em sua casa para verificar se o sistema está realmente fornecendo energia elétrica.

5. Verifique a regulagem dos painéis solares: Por último, é importante verificar a regulagem dos painéis solares para garantir que estão apontando na direção correta para maximizar a captação de luz solar. Verifique se os painéis estão regulados de acordo com a latitude da sua localização e ajuste-os se necessário.

Agora que você configurou o sistema, você já pode usufruir da sua nova fonte de energia limpa e renovável! É importante realizar uma manutenção regular para garantir que o sistema continue funcionando corretamente e para prolongar sua vida útil. Algumas tarefas de manutenção incluem limpar os painéis solares regularmente para garantir que eles estejam livres de sujeira e poeira, verificar regularmente a conexão dos cabos para evitar desconexões e monitorar a saúde da bateria.

Lembre-se de que, se você tiver dúvidas ou precisar de ajuda, sempre pode procurar um especialista em instalação de sistemas de energia solar. Eles poderão ajudá-lo a configurar e manter o sistema corretamente, garantindo assim sua eficiência e segurança.

CAPÍTULO 8

Em resumo, configurar o sistema de energia solar em sua casa é o passo final antes de começar a usufruir da sua nova fonte de energia limpa e renovável. É importante verificar a conexão dos componentes, ligar o inversor, configurá-lo, testar o sistema e verificar a regulagem dos painéis solares. Realizar uma manutenção regular também é fundamental para garantir a eficiência e segurança do sistema.

MANUTENÇÃO DO SISTEMA

CAPÍTULO 9

Depois de instalar o seu sistema de energia solar, é importante realizar uma manutenção regular para garantir que ele continue funcionando corretamente e prolongar sua vida útil. Aqui estão algumas dicas para a manutenção do seu sistema de energia solar:

1. Limpeza dos Painéis Solares: A sujeira e a poeira acumuladas nos painéis solares podem diminuir sua eficiência. É recomendável limpar os painéis a cada seis meses ou sempre que houver uma acumulação significativa de sujeira.

2. Verificação das Conexões dos Cabos: Verifique regularmente as conexões dos cabos para evitar desconexões e garantir que o sistema esteja funcionando corretamente.

3. Monitoramento da Saúde da Bateria: É importante monitorar a saúde da bateria para garantir que ela esteja carregando e descarregando corretamente. Se a bateria estiver danificada, ela precisará ser substituída para garantir a eficiência do sistema.

4. Verificação da Regulagem dos Painéis Solares: Verifique se os painéis solares estão regulados corretamente para garantir que estejam apontados diretamente para o sol. Uma regulagem incorreta pode afetar a eficiência do sistema.

5. Verificação do Inversor: Verifique o inversor regularmente para garantir que esteja funcionando corretamente. Se você perceber algum problema, consulte um especialista em instalação de sistemas de energia solar.

6. Verificação da Medição de Energia: Verifique se a medição de energia está funcionando corretamente para garantir que você esteja realmente economizando energia.

Lembre-se de que, se você tiver dúvidas ou precisar de ajuda, sempre pode procurar um especialista em instalação de sistemas de energia solar. Eles poderão ajudá-lo a configurar e manter o sistema corretamente, garantindo assim sua eficiência e segurança.

Em conclusão, a manutenção do seu sistema de energia solar é uma parte importante para garantir sua eficiência e prolongar sua vida útil. Verifique regularmente os componentes do sistema, incluindo os painéis solares, as conexões dos cabos, a saúde da bateria, a regulagem dos painéis e o inversor. Se você tiver dúvidas ou precisar de ajuda, não hesite em procurar um especialista em instalação de sistemas de energia solar.

CONSIDERAÇÕES LEGAIS E REGULATÓRIAS

CAPÍTULO 10

Antes de instalar um sistema de energia solar em sua casa, é importante compreender as regulamentações e leis locais relacionadas à instalação de sistemas de energia solar. Aqui estão algumas considerações importantes a serem levadas em conta:

1. Permissão da Prefeitura: Antes de instalar o sistema de energia solar, você precisará obter uma permissão da prefeitura local. Isso incluirá verificar se o sistema atende aos padrões de segurança e regulamentações da cidade.

2. Taxas e Encargos: Algumas cidades podem cobrar taxas e encargos adicionais para a instalação de sistemas de energia solar. É importante compreender esses custos adicionais antes de iniciar a instalação.

3. Regulamentos Elétricos: É importante seguir os regulamentos elétricos locais para garantir que o sistema de energia solar seja instalado corretamente e de forma segura.

4. Venda de energia excedente: Verifique se a legislação local permite que você venda a energia excedente produzida pelo seu sistema de energia solar de volta à rede elétrica. Verifique se o seu estado ou cidade oferece esta possibilidade e se ele é aplicável ao seu sistema de energia solar.

CAPÍTULO 10

5. Garantias e Seguros: É importante garantir que seu sistema de energia solar seja coberto por garantias e seguros adequados para garantir sua segurança e proteção.

Em resumo, antes de instalar um sistema de energia solar, é importante compreender as regulamentações e leis locais relacionadas à instalação de sistemas de energia solar. Verifique se você precisa de uma permissão da prefeitura, se há taxas e encargos adicionais, se está seguindo os regulamentos elétricos locais, se a venda de energia excedente é aplicável ao seu sistema e se o sistema está coberto por garantias e seguros adequados.

Consulte um especialista em instalação de sistemas de energia solar se tiver dúvidas ou precisar de ajuda.

ECONOMIA DE ENERGIA E RETORNO DE INVESTIMENTO

CAPÍTULO 11

Uma das principais razões pelas quais muitas pessoas escolhem instalar sistemas de energia solar é a economia de energia que eles proporcionam. Aqui estão algumas informações sobre como você pode economizar energia com um sistema de energia solar e o retorno de investimento que você pode esperar.

1. Economia de Energia: Um sistema de energia solar permite que você produza sua própria energia elétrica, o que significa que você pode reduzir sua dependência da rede elétrica. Isso pode resultar em uma redução significativa na sua conta de energia elétrica. Além disso, você pode vender a energia excedente de volta à rede elétrica através do net metering, o que pode aumentar ainda mais sua economia.

2. Retorno de Investimento: O retorno de investimento em um sistema de energia solar pode variar, mas geralmente é de 7 a 20 anos. Isso significa que, em média, você poderá recuperar o investimento inicial em 7 a 20 anos, com uma economia significativa de energia ao longo dos anos subsequentes. Além disso, os preços da energia elétrica tendem a subir ao longo do tempo, o que significa que sua economia de energia pode aumentar ainda mais com o passar dos anos.

3. Incentivos Fiscais: Alguns estados e governos oferecem incentivos fiscais para a instalação de sistemas de energia solar. Verifique se você pode se qualificar para esses incentivos e como eles podem afetar o seu retorno de investimento.

CAPÍTULO 11

Em resumo, um sistema de energia solar pode resultar em uma economia significativa na sua conta de energia elétrica e oferecer um retorno de investimento de 7 a 20 anos. Além disso, você pode se qualificar para incentivos fiscais que podem ajudar a acelerar o retorno de seu investimento.

Consulte um especialista em instalação de sistemas de energia solar para obter mais informações sobre como um sistema de energia solar pode economizar energia e oferecer um retorno de investimento para você.

CONCLUSÃO

CAPÍTULO 12

A instalação de energia solar em casa é uma iniciativa importante que pode trazer uma série de benefícios para sua casa e para o meio ambiente. Além de ajudar a preservar o meio ambiente, um sistema de energia solar pode resultar em uma economia significativa na sua conta de energia elétrica, oferecer um retorno de investimento de 7 a 20 anos e, em alguns casos, qualificá-lo para incentivos fiscais.

No entanto, é importante lembrar que uma instalação de energia solar é uma iniciativa complexa e requer um projeto elétrico cuidadoso e o acompanhamento de um engenheiro elétrico. Isso garantirá que o sistema seja instalado corretamente e funcione de forma segura e eficiente.

Em resumo, a instalação de energia solar em casa é uma iniciativa importante que pode trazer muitos benefícios. Além de ajudar a preservar o meio ambiente, ela pode resultar em uma economia significativa na sua conta de energia elétrica e oferecer um retorno de investimento atrativo. Certifique-se de seguir as etapas corretas e contar com o apoio de um engenheiro elétrico para garantir o sucesso de sua instalação de energia solar.

Esperamos que este e-book tenha sido útil para você em sua jornada de instalação de energia solar em casa. Esperamos ter fornecido informações claras e detalhadas sobre todos os aspectos envolvidos na instalação de um sistema de energia solar, desde a escolha do equipamento até a conclusão da instalação e manutenção do sistema.

CAPÍTULO 12

Lembre-se de que uma instalação de energia solar é uma iniciativa importante e requer planejamento cuidadoso e um projeto elétrico bem planejado. Contar com o apoio de um engenheiro elétrico é uma parte crucial desse processo para garantir que o sistema seja instalado corretamente e funcione de forma segura e eficiente.

Com a instalação de energia solar, você pode fazer uma contribuição positiva para o meio ambiente e ao mesmo tempo economizar dinheiro em sua conta de energia elétrica. Esperamos que este e-book tenha sido útil para você e que sua jornada de instalação de energia solar seja um sucesso.

AUTOR

Arquiteto e urbanista desde 2018, formado no Centro Universitário Metodista – IPA, em Porto Alegre – RS. Pós graduado em Educação contemporânea pelo Instituto Federal Sul Rio-grandense em Charqueadas – RS.

Atuante como autônomo em gerenciamento e condução de obras e projetos, desde 2019 como arquiteto contratado na Prefeitura Municipal de Cachoeirinha – RS, coordenando o setor de cadastro imobiliário e georreferenciamento. Também conduzindo obras, como do Centro de eventos da Pedreira em Eldorado do Sul, com mais de 3000m² de área construída implantada em um lote de mais de 1 hectare, gerenciando equipes de campo e produzindo os diversos projetos necessários para o desenvolvimento da obra.

Produtor de manuais digitais para a construção civil, sempre visando dar um passo a passo prático e de fácil compreensão, seja para o investidor ou para o arquiteto/engenheiro em início de carreira. Buscando dar ao leitor segurança na tomada de decisões, clareza nos processos e economia de tempo e recursos.

Fique em contato

Instagram:
@rholmerphilipe

Email:
rholmercms@hotmail.com

Portfólio:
behance.net/rholmerphilipe

www.ingramcontent.com/pod-product-compliance
Lightning Source LLC
Chambersburg PA
CBHW071145220526
45467CB00015B/1962